易小点数学成长记
The Adventure of Mathematics

逆袭的赛马

童心布马 / 著

猫先生 / 绘

8

北京日报出版社

图书在版编目（CIP）数据

易小点数学成长记 . 逆袭的赛马 / 童心布马著；猫先生绘 . --
北京：北京日报出版社，2022.2（2024.3 重印）
  ISBN 978-7-5477-4140-5

Ⅰ . ①易… Ⅱ . ①童… ②猫… Ⅲ . ①数学—少儿读物 Ⅳ . ① O1-49

中国版本图书馆 CIP 数据核字 (2021) 第 234244 号

易小点数学成长记　逆袭的赛马

出版发行：北京日报出版社
地　　址：北京市东城区东单三条 8-16 号东方广场东配楼四层
邮　　编：100005
电　　话：发行部：（010）65255876
　　　　　总编室：（010）65252135
印　　刷：鸿博昊天科技有限公司
经　　销：各地新华书店
版　　次：2022 年 2 月第 1 版
　　　　　2024 年 3 月第 7 次印刷
开　　本：710 毫米 ×960 毫米　1/16
总 印 张：25
总 字 数：360 千字
总 定 价：220.00 元（全 10 册）

目 录

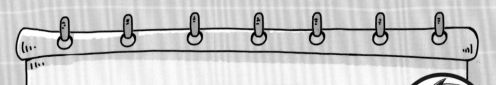

2021 年 9 月 17 日，神舟十二号载人飞船返回舱在东风着陆场成功着陆。

太好了！

如果苏联那位宇航员也这么幸运就好了。

这可不是碰运气的事。除了工作人员细心计算，数据不要出错之外，

生产所有相关零部件时都要万分精确，哪怕一个小小的螺丝钉出现 1 毫米的偏差，也可能酿成大事故。

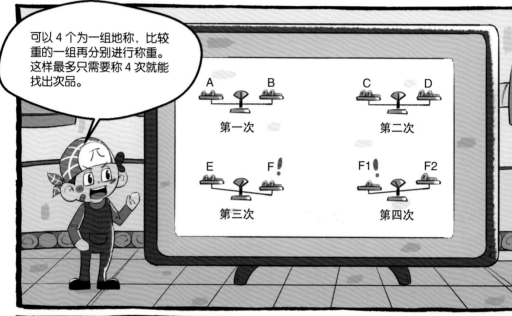

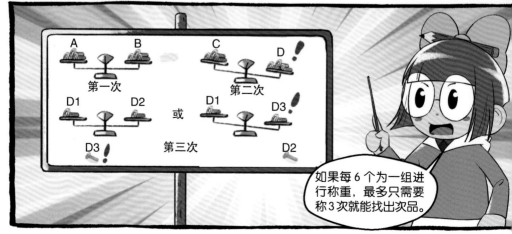

午休时间，大家一起玩脑筋急转弯……

一天，小蓝和爸爸一起去游乐场，小绿也和爸爸一起去游乐场，请问他们一共有几个人？

4个人呗。

不可能这么简单。蓝和小绿的爸爸可是同一个人呢。

感觉和集合有关呢。

小点说得没错。计数时，有一种以集合为基础的计数方法。

10 + 8 + 6 = 24（人），如果这样算，那些同时参加几个项目的人就会被重复计算。

参加运动的总人数应该是14人。

你是怎么算出来的?

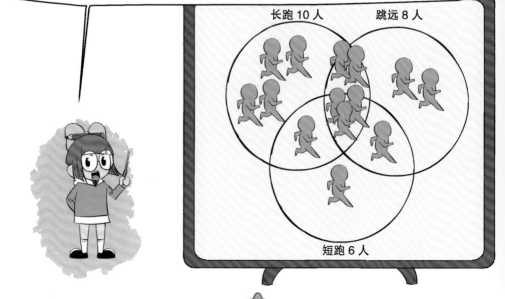

用你算出的数字减掉被重复计算的人数就可以了。参加两个项目的有4人，这4人被数了2次，减掉其中1次：24 − 4 = 20（人）。参加三个项目的有3人，这3人被数了3次，减掉其中2次：20 − 3 × 2 = 14（人）。

长跑 10 人　　　跳远 8 人

短跑 6 人

这跟数学有什么关系?

用好数学，你可能就不会再迟到了。

我们边欣赏茶艺边说吧。

先给你们讲个故事。

中午，大家离开展馆……

我们先去吃午饭。

我早就饿了。

这里有很多美食。

这两家中哪家更好吃呢?

饼店门口排了这么多人，一定很好吃。

在第一家饼店门口排队的人看上去都很烦躁，在第二家饼店门口排队的人都会有序地拿着饼离开。

我去后厨侦查一下！

第一家饼店

第二家饼店

两家饼店各有 2 个饼铛，窗口各有 3 名客人在排队，他们都想同时买到饼。饼每烙一个面需要 3 分钟，烙一张饼共需要 6 分钟。

第一家饼店的做法：

先烙完两张饼，用时 6 分钟。

再烙第三张饼，用时 6 分钟。

6 + 6 = 12（分钟）

第二家饼店的做法：

先烙两张饼的正面，用时 3 分钟。

再烙第一张饼的反面和第三张饼的正面，用时 3 分钟。

最后烙第二张饼的反面和第三张饼的反面，用时 3 分钟。

3 + 3 + 3 = 9（分钟）

快去第二家店吧。

你们知道为什么第二家店更快吗？

我猜，这是根据华罗庚提出的沏茶问题原理，通过优化操作流程来提高效率。

反应挺快嘛。

和吃有关的事，我反应都快。

春秋战国时期,齐国有三位勇士——田开疆、公孙接和古冶子,他们并称"齐国三杰"。

我们变成侍卫了!

这三个人居功自傲,威胁到齐景公的统治,齐景公想除掉他们。

大王,鲁昭公前来拜访。

齐景公命人精挑细选了4个桃子,齐景公和鲁昭公各品尝了1个。

有主意了!

剩下的两个桃子分给三位勇士吧,功劳大的人才能吃到桃子。

最后，三位勇士都觉得
受到了羞辱，愤然自尽。

二桃杀三士的故事
体现了数学中的抽
屉原理，这个原理
是德国数学家狄利
克雷最先提出的。

举例子：
如果桌子上有 4 个苹果，把它们放
进 3 个抽屉里，无论怎样放，都会
有一个抽屉里的苹果数量大于 1。

这是我的演讲稿!

你再自信一点儿就更棒了!

足够自信的人就算参加总理大臣的选举也会很淡定。

我们去看看大场面的演讲吧。

国王按照杰瑞提出的建议，下令重新进行投票。由席恩和汤姆先接受投票。第一轮投票结果显示，席恩赢得了多数选票。

这是为什么呢?

第二轮接受投票的是席恩和杰瑞，杰瑞赢得了绝大多数选民的支持。

第一轮投票中，前两组群众依然保持原来的选择，而支持杰瑞的群众中小部分人将选票投给了汤姆，大部分人将选票投给了席恩。

	席恩得票	汤姆得票
第一轮投票结果:	席 + 杰	汤 + 杰
	100 + 60 = 160（票）	100 + 40 = 140（票）

	席恩得票	杰瑞得票
第二轮投票结果:	席	杰 + 汤
	100	100 + 100 = 200（票）

刚才明明支持席恩的人很多呀。

但是，席恩的胜出引起了汤姆支持者的不满。

在第二轮投票中，原本支持汤姆的群众因自己的支持者失利而气愤，一定会将选票投给杰瑞。这样一来，杰瑞获胜的概率就会大于席恩获胜的概率。这就是概率加法定理的应用。

杰瑞赢得有点不光彩。

我会把概率加法定理应用更适当的地方。演讲嘛，还是想凭实力赢。

第二天，演讲比赛正式开始。

要不要试试杰瑞的方法？

我演讲的题目是……

一次，齐王又邀请大将军田忌一起赛马……

怎么又输了！

齐王获胜！

这位坐轮椅的人看起来很聪明的样子。

孙膑

将军，我有办法！

这样……这样……

真的可以？

过了几天，齐王又邀请田忌来赛马。这一次，田忌用了孙膑的计谋：第一场比赛，齐王的马又毫无悬念地获胜了。

第二场比赛居然是田忌的马获胜！

第三场比赛，田忌的马再一次获胜。

你是不是背着本王偷偷买了更好的马?

大王,请容臣禀报。

帮助田忌获胜的秘密就在赛马出场的先后顺序上。他让田忌己的下等马对战齐王的上等马;用自己的上等马对战齐王的马;用自己的中等马对战齐王的下等马。这样就提高了田忌的概率。

	田忌	齐王
第一场:	下等马	上等马
第二场:	上等马	中等马
第三场:	中等马	下等马

我要重用孙膑。

方案 1

方案 2

如果安排 1 个民夫供应 1 个士兵的军粮，2 人每天要吃 4 升米，可以行军 17.5 天。

如果 3 个民夫供应 1 个士兵的军粮，4 人共背 190 升米。6.5 天后 1 个民夫带 4 天的粮食折返。剩下的米量是：
190 − 2 × 4 × 6.5 − 2 × 4 =130（升）

剩下 3 人继续行军，7 天后，再派 1 个民夫折返，给他 9 天的粮食。现在剩余的米量是：
130 − 2 × 3 × 7 − 2 × 9 =70（升）

最后 2 人用剩余的粮食能继续行军的时间是：
70 ÷ 4 = 17.5（天）

这样虽然可以行军 31 天，但 10 万士兵需要配备 30 万民夫，人力损耗过大。

还有更好的办法吗？

34

如果能在边境征收粮食，既可以截断敌人的粮食来源，又可以保证军队的军备供应。

沈括很快就在边境征收到了充足的军粮，为前线补给军备。

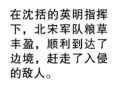

在沈括的英明指挥下，北宋军队粮草丰盈，顺利到达了边境，赶走了入侵的敌人。

费那么大劲儿算半天，也没用上呀。

如果在边境征收不到粮食，包括运粮的方案就是最佳备选方案。做事需要经过多角度综合分析，准备预案，这样才能……

嘀——嘀——

博士，您怎么了？

跟着易小点，
数学每天进步一点点

数与数字关系 | 运算与速算 | 图形与测算 | 图形与测算 | 特殊测算

统计与概率 | 基础应用 | 典型应用 | 典型应用 | 典型应用

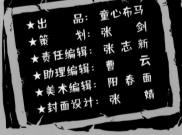

★出　　品：童心布马
★策　　划：张　剑
★责任编辑：张志新
★助理编辑：曹　云
★美术编辑：阳春面
★封面设计：张　婧

猫先生

北京日报出版社
微信公众号

童心布马
微信公众号

ISBN 978-7-5477-4140-

9 787547 741405

总定价：220.00元(全10册)